AF321089

BUT DE LA NATURE

DANS LA FORMATION QUOTIDIENNE DU SEL DANS L'EAU DES MERS,

PAR B. G. SAGE,

CHEVALIER DE L'ORDRE ROYAL DE SAINT-MICHEL,
DE L'ACADÉMIE ROYALE DES SCIENCES DE PARIS,
FONDATEUR ET DIRECTEUR
DE LA PREMIÈRE ÉCOLE DES MINES.

A PARIS,

DE L'IMPRIMERIE DE P. DIDOT, L'AÎNÉ,
CHEVALIER DE L'ORDRE ROYAL DE SAINT-MICHEL,
IMPRIMEUR DU ROI.

1818.

[illegible]

RÉCLAMATION.

Ayant lu dans le Moniteur du 29 décembre 1817 que l'auteur du rapport des mémoires des trois commissions nommées par le Ministère de la Marine, pour s'assurer de l'effet de l'eau de mer distillée, avançait que c'était sans fondement que j'avais écrit que l'eau de mer distillée contenait toujours du gaz alcaliu oléaginé inodore et caustique : je lui indique dans cet écrit le moyen de s'assurer de son existence.

[illegible]

[illegible]
[illegible]
[illegible]
[illegible]

[illegible]
[illegible]
[illegible]
[illegible]
[illegible]
[illegible]
[illegible]

BUT DE LA NATURE

DANS LA FORMATION QUOTIDIENNE DU SEL DANS L'EAU DES MERS.

———

Dès que l'homme eut reconnu que le sel avait la propriété d'empêcher la corruption des viandes, il l'employa pour les conserver.

La nature a eu un autre but dans la formation quotidienne du sel dans l'eau des mers, c'est d'empêcher que l'immense quantité d'êtres organisés qui vivent dans ces eaux ne passent, en se détruisant, à la putréfaction, dont l'odeur infecte empesterait l'atmosphère des mers.

La décomposition de ces êtres organisés s'y produit par une macération qui les réduit en une espèce de vase, d'où s'exhale un gaz alcalin oléaginé inodore et caustique, lequel, s'exhalant avec la portion d'eau de mer qui s'évapore, n'aurait pas manqué de répandre dans l'atmosphère des miasmes qui l'auraient rendue insalubre; aussi l'intelligence céleste qui a tout prévu décompose-t-elle, à la surface de l'eau des mers, ce gaz neptunien, en le faisant servir à modifier l'acide ignifère aérien en acide marin, qui, se combinant avec la base du gaz alcalin, constitue le sel.

Quoiqu'on cherche à infirmer l'existence de ce gaz alcalin dans l'eau de mer, je persiste à le considérer comme une des plus importantes découvertes que j'ai été assez heureux de faire pendant ma longue carrière, puisqu'elle intéresse la vie des hommes, et qu'elle nous dévoile un des mystères de la nature.

On sait que j'ai publié de suite, en 1817, quatre mémoires relatifs à l'eau de mer; dans le premier, je décris l'analyse que j'en ai faite.

Dans le second, je cite des expériences qui me paraissent prouver qu'on ne peut admettre l'innocuité de l'eau de mer distillée.

Dans le troisième mémoire, je traite des propriétés de cette eau, et j'indique l'ouvrage du célèbre Hales (1), dans lequel il annonce que l'usage de cette eau de mer distillée est morbifère. C'est dans ce même mémoire que j'invite le Ministère de la Marine à faire suivre des expériences propres à rassurer le public en disant :

Salus populi res sacra.

Le quatrième mémoire a pour titre : *Phénomènes que présente la décomposition des corps organisés après leur mort.*

Enfin j'ai fait un précis de ce qui est contenu dans ces mémoires, afin d'en faire connaître l'importance aux hommes en place qui s'intéressent aux sciences et au bien public.

---

(1) Qui a pour titre : *Moyen de rendre l'eau de mer potable et salubre.*

Je viens de voir avec le plus grand plaisir dans le Moniteur du 29 décembre 1817, que le Ministère de la Marine avait nommé trois commissions pour suivre l'emploi et les effets de l'eau de mer distillée ; dès le mois de mars une commission avait déja été désignée à Paris pour y suivre et faire connaître si l'eau de mer distillée était potable et salubre. M. Clément, chimiste avantageusement connu, fut chargé, de concert avec M. de Freycinet, capitaine de vaisseau, à opérer la distillation de l'eau de mer. Le résultat de leurs expériences fut publié dans le mois de mars 1817, sous le titre de *Mémoire sur la distillation de l'eau de mer et sur les avantages qui en résultent pour la navigation.*

La phrase suivante, qui est insérée dans ce mémoire, peut faire taxer M. Clément d'un peu d'incurie, puisqu'il dit que cette eau de mer distillée *avait une odeur empyreumatique qu'il regarde comme en partie accidentelle, qui pouvait provenir* au moins partiellement de quelques malpropretés laissées dans l'alambic par les ouvriers.

Il y aurait donc eu aussi incurie dans les distillations faites de l'eau de mer par les trois commissions, à Brest, Toulon et Rochefort, puisque M. Clément, rédacteur de leurs rapports, dit que l'eau de mer qu'ils ont distillée avait une odeur empyreumatique, que les uns ont nommée *odeur marine*, et les autres *odeur faible de marécage*. Odeur qu'ils attribuent au calorique, laquelle, suivant le rapport des commissaires de Toulon, se dégage de l'eau *au bout de dix jours*, et des commissaires de Rochefort *au bout de vingt jours ;* que l'eau qui reste alors est très pure.

Il résulte des expériences faites avec cette eau sur quarante-un galériens, qu'au bout d'un mois leur santé s'était améliorée, et que leur teint était plus frais, plus coloré.

M. de Bougainville n'a fait faire usage

à son équipage que pendant un mois
d'eau de mer distillée dans l'alambic à
double diaphragme de M. Poissonnier,
alambic qu'il donna à M. Poivre lorsqu'il
s'arrêta à l'Ile-de-France, afin de s'en
débarrasser.

Si, comme on l'a avancé, M. de Freycinet n'emploie dans son voyage de long
cours que de l'eau de mer distillée, et
qu'elle n'ait pas produit de mauvais effet, il rassurera l'humanité.

Pour moi qui suis philalète, j'ai reconnu que l'eau de mer distillée, puisée
à dix lieues des côtes du Havre, n'avait
aucune odeur, mais une saveur caustique
qu'elle ne perdait pas à l'air après y avoir
été exposée pendant plus de vingt jours.

Quoique M. Clément ait gardé l'ano-
nyme dans le Moniteur, dans la rédac-
tion des mémoires adressés au Ministère
de la Marine par les trois commissions (1)

____

(1) Composées d'officiers militaires, de santé et d'ad-
ministrateurs.

qu'il avait nommées pour suivre à Brest, Toulon et Rochefort, l'emploi et les effets de l'eau de mer distillée, le soin qu'il prend d'infirmer la présence du gaz alcalin oléaginé dans l'eau de mer, le fait aisément reconnaître.

Mais il ne doutera plus de l'existence de ce gaz alcalin oléaginé, s'il répète l'expérience suivante qui réussit même à la dose de deux onces, quantité d'eau de mer distillée qu'il suffit de mettre dans une capsule de verre, au milieu de laquelle on pose une plus petite capsule avec deux gros d'acide marin marquant vingt-cinq degrés à l'aréomètre. On couvre cet appareil avec une cloche de verre, et aussitôt le gaz acide marin est attiré par le gaz alcalin neptunien avec lequel il se combine. On démonte l'appareil au bout de vingt-quatre heures, et l'on fait évaporer jusqu'à siccité l'eau qui est dans la capsule de verre, sur les parois de laquelle on trouve un léger enduit de sel ammoniac blanchâtre.

Si M. Clément eût lu ce qui a été écrit il y a plus de cent ans sur les tentatives qui ont été faites par divers peuples dans le dessein de rendre potable et salubre l'eau de mer distillée, et de la priver de la saveur qu'ils ont nommée *corrosive*, il n'en nierait pas aujourd'hui l'existence, et il n'alléguerait pas comme preuve de son innocuité qu'un particulier a tenu de l'eau de mer distillée dans sa bouche pendant une journée entière sans avoir éprouvé d'excoriation, puisqu'il est de fait que pour peu qu'un homme n'ait pas les papilles nerveuses de la bouche émoussées par des liqueurs fortes, par le *chiquer* ou la fumée du tabac, il suffit de tenir dans sa bouche pendant quelques secondes une cuillerée d'eau de mer distillée pour éprouver une saveur âcre et piquante, semblable à celle que produit l'alose où tout autre poisson avancé.

J'ai dit dans les différents mémoires que j'ai publiés sur l'eau de mer distillée, que, malgré toutes les tentatives que j'avais faites pour détruire le gaz alcalin oléaginé neptunien, je n'avais pas encore pu y parvenir; et je persiste à croire que l'eau de mer distillée ne sera réellement potable et salubre que lorsqu'on ne pourra plus y déceler ce gaz.

En 1781, un vaisseau nommé *le Fier*, commandé par M. d'Albaratte, partit de Rochefort le 4 septembre avec des troupes pour les Hollandais, au Cap de Bonne-Espérance. L'eau étant venue à manquer, on eut recours à celle de mer distillée, dont le goût fut trouvé très mauvais et qui excita des douleurs d'estomac à ceux qui en firent usage, gastralgie qui a été aussi observée pendant un temps chez les forçats qui ont été soumis aux expériences des trois commissions précitées.

On ne donna, pendant quinze jours, qu'un verre d'eau distillée aux hommes qui formaient l'équipage du Fier, dont la plupart mélaient leur eau-de-vie avec cette eau pour en détruire le mauvais goût.

J'avoue que j'ai de l'obligation à la brochure publiée par MM. Clément et Freycinet sur l'eau de mer distillée, puisque je n'ai entrepris l'analyse de l'eau de mer que pour vérifier leurs expériences, ce qui m'a fait découvrir la nature du gaz qui rend morbifère l'eau de mer distillée, gaz qui émane de la décomposition des animaux marins, qui a lieu sans putréfaction, à laquelle s'oppose le sel contenu dans l'eau de mer par sa propriété antiseptique, sel dont la formation est quotidienne, et à la confection duquel le gaz alcalin oléaginé concourt essentiellement.

J'ai cru devoir insérer dans cet écrit les observations suivantes, parcequ'elles confirment l'étiologie que j'ai donnée de la formation du sel marin, et qu'elles constatent que le natron est la base de l'alcali volatil.

Je fais servir le cuivre à la décomposition de l'alcali volatil concret, en en mettant en dissolution une demi-once dans trois onces d'eau distillée; j'y ajoute un gros de copeau de cuivre. Après avoir couvert le bocal, on voit successivement la dissolution prendre une teinte bleue qui perd sa transparence au bout de quelques mois. On continue à ajouter de l'alcali volatil et des copeaux de cuivre jusqu'à ce qu'il se soit établi des cristaux d'azur: alors on décante la dissolution, et si, après l'avoir étendue de deux parties d'eau on la laisse évaporer spontanément à l'air libre, on trouve au bout de quatre moisles parois de l'évaporatoire tapissées de la plus belle malachite entremêlée de petits cristaux de sel marin cubique. La malachite qui s'est formée résulte de l'union du cuivre avec la matière grasse, un des principes de l'alcali volatil concret, dont le natron a servi à engager l'acide marin qui est résulté de la modification qu'a éprouvée l'acide ignifère aérien par le concours du gaz alcalin oléaginé qui résulte de la décomposition de l'alcali volatil.

Quoiqu'on ait désigné la malachite par

les mots de *cuivre carbonaté vert*, elle n'en est pas moins composée d'une matière oléagineuse et d'eau combinée avec le cuivre, principes qui se retrouvent dans le cuivre azuré.

La variété de cet azur, qui a été découverte dans les mines de Chessy, diffère par la forme de celui trouvé à Bulac, dans le duché de Wurtemberg, puisqu'il offre de beaux rhombes, forme qui est due à une portion de terre calcaire qui s'y trouve dans le rapport d'un cinquième.

FIN.